50 formas inteligentes de preservar o planeta

COMO CONSUMIR SEM DESCUIDAR DO MEIO AMBIENTE

SIÂN BERRY

A AUTORA

Siân Berry foi candidata à prefeitura de Londres em 2008, pelo Partido Verde, e é uma das fundadoras do movimento Aliança Contra os Jipões Urbanos.

Ocupou um dos dois cargos centrais do Partido Verde até setembro de 2007 e, antes disso, foi coordenadora de campanhas nacionais do partido. Concorreu nas eleições gerais de 2005 pelo distrito de Hampstead and Highgate e fez campanha em sua região por moradia mais acessível e, no plano nacional, para promover a energia renovável e o comércio local.

Após ganhar fama graças às multas de estacionamento fictícias que Siân criou em 2003, a Aliança Contra os Jipões Urbanos é hoje um movimento nacional no Reino Unido. Recentemente, comemorou o fato de ter convencido o prefeito de Londres a propor uma taxa de pedágio urbano mais alta para veículos 4x4, assim como para outros que bebem muita gasolina.

Siân estudou engenharia e trabalhou com comunicação. Essas habilitações lhe propiciaram uma abordagem direta e acessível ao promover questões ambientais, focando no que as pessoas podem fazer para conseguir resultados efetivos e no que os governos devem fazer para tornar acessível a todos a opção por uma vida mais sustentável.

Como porta-voz da Aliança e conhecida figura do Partido Verde, Siân recebeu ampla cobertura de jornais nacionais e internacionais e apareceu em diversos programas de rádio e televisão: do *Today*, da Rádio 4 da BBC, ao *Richard and Judy*. Sua argumentação calma, bem-humorada e persuasiva estimulou um animado debate público sobre os 4x4 e ajudou a colocar mais em evidência a questão ambiental nas políticas públicas.

50
formas inteligentes de
preservar o planeta

COMO CONSUMIR SEM DESCUIDAR DO MEIO AMBIENTE

SIÂN BERRY

Revisão técnica
MARCELO LEITE

PUBLIFOLHA

Está obra foi publicada originalmente no Reino Unido, em 2008, pela Kyle Cathie Ltd, 122 Arlington Road, Londres NW1 7HP, www.kylecathie.com

Coordenação do projeto: Publifolha
Coordenação editorial: Camila Saraiva
Assistência editorial: Adriane Piscitelli e Thiago Blumenthal
Coordenação de produção gráfica: Soraia Pauli Scarpa
Assistência de produção gráfica: Mariana Metidieri

Produção editorial: Estúdio Sabiá
Edição: Fernando Wizart
Tradução: Candombá
Preparação de texto: Bruno SR
Revisão: Sílvia Carvalho de Almeida e Hebe Ester
Editoração eletrônica: Carla Castilho | Estúdio

Edição original:
Direção editorial: Muna Reyal
Ilustração e diagramação: Aaron Blecha
Direção da produção: Sha Huxtable

Dados Internacionais de Catalogação na Publicação (CIP)
(Câmara Brasileira do Livro, SP, Brasil)

Berry, Siân
50 formas inteligentes de preservar o planeta : como consumir sem descuidar do meio ambiente / Siân Berry ; revisão técnica Marcelo Leite ; [tradução Candombá]. – São Paulo : Publifolha, 2009. – (50 formas inteligentes de preservar o planeta)

Título original: 50 ways to be a greener shopper.
ISBN 978-85-7402-972-6

1. Ecologia 2. Meio ambiente 3. Proteção ambiental 4. Recursos naturais - Conservação I. Leite, Marcelo. II. Título. III. Série.

08-09249 CDD-304.2

Índices para catálogo sistemático:
1. Consciência ambiental : Ecologia humana 304.2
2. Meio ambiente : Cuidados : Ecologia humana 304.2

PUBLIFOLHA

Divisão de Publicação do Grupo Folha
Al. Barão de Limeira, 401, 6º andar
CEP 01202-900, São Paulo, SP
Tel.: (11) 3224.2186/ 2187/ 2197
www.publifolha.com.br

Impresso na gráfica Amadeus, Itália.

NÃO TENHA NADA EM CASA QUE NÃO SAIBA TER UTILIDADE, NEM NADA QUE NÃO ACREDITE SER BONITO.

WILLIAM MORRIS

50 FORMAS INTELIGENTES DE...

Esta série de livros apresenta maneiras simples de tornar sua vida ecologicamente correta em casa, no jardim, em lojas, no trabalho e na rua, não importa a situação. Cada livro traz 50 dicas práticas e criativas para ajudar a viver com o menor impacto sobre o planeta. A autora procurou incluir técnicas e dicas de várias partes do mundo, empregadas em países diferentes. Por esse motivo, algumas delas podem não ser aplicáveis em algumas regiões, em razão do clima ou da tecnologia; nem por isso deixam de ser extremamente úteis.

Há muitas maneiras de ser ecologicamente correto que não demandam grande investimento de dinheiro, tempo, esforço ou espaço. Além disso, ao economizar energia, gastamos menos com contas como água e luz, e os produtos ambientalmente corretos não precisam ser caros nem de alta tecnologia.

Um jardim de qualquer tamanho pode ser um paraíso natural e produzir vegetais úteis e fáceis de cultivar, o que ajudará você a comprar menos frutas e legumes que viajam longas distâncias. Quem vive nas grandes cidades deve saber como a vida urbana é capaz de oferecer um dos estilos de vida que menos emitem carbono.

Esta série foi escrita por Siân Berry, fundadora do grupo ativista Aliança Contra os Jipões Urbanos. Por meio de suas experiências pessoais, ela mostra como é possível reduzir emissões de carbono, estar à frente da moda e aproveitar a vida sem sacrifícios.

Siân diz: "Ser ecologicamente correto não é desistir de tudo; é usar os produtos de maneira inteligente e criativa para evitar o desperdício. Nestes livros, pretendo mostrar que todos podem desfrutar uma vida mais harmoniosa com o ambiente, sem exageros".

INTRODUÇÃO

Todos nós precisamos consumir para viver. Os alimentos são uma necessidade diária; as roupas e os cuidados pessoais são essenciais para nosso bem-estar; precisamos de móveis em casa; nossos filhos necessitam dos mais diferentes tipos de conforto; e usufruir de ocasiões especiais como Natal, aniversários e casamentos parece trazer a tiracolo uma lista de compras cada vez maior.

Hoje, graças à preocupação com o meio ambiente e com as conseqüências do aquecimento global, começamos a perceber que, se desejarmos salvar o planeta, precisaremos mudar nossos hábitos de consumo, como reduzir o consumo de energia e usar menos o carro.

O problema é que tudo o que compramos provoca algum impacto no meio ambiente. A produção industrial, o cultivo de alimentos e o transporte de produtos consomem combustíveis fósseis que causam as mudanças climáticas. Muitos produtos são fabricados de maneira poluente e, ao serem descartados pelo ralo ou jogados em aterros sanitários, também podem causar problemas.

Por essas razões, o consumo tornou-se uma questão ética decisiva para ecoconsumidores entusiásticos como eu. O que posso comprar para poupar recursos, em vez de destruir uma floresta tropical ou consumir uma enorme quantidade de petróleo? O que é melhor – consumir produtos orgânicos ou locais? Por que não há café com o certificado Fair Trade (Comércio Justo) no supermercado perto de casa? E por que não consigo comprar bens que durem e não quebrem tão logo a garantia expire?

Como membro do Partido Verde, trabalho para realizar grandes mudanças na maneira como a sociedade é gerida.

Meu objetivo é fazer que as escolhas mais sustentáveis e éticas sejam as mais simples e baratas para todos. Mas esse ainda não é o caso. Além disso, amigos, colegas e pessoas na rua sempre me pedem dicas sobre consumo sustentável.

Descobrir o impacto das diferentes opções de compras não é fácil. Os rótulos não dizem muito, as lojas e os fabricantes demoram para nos fornecer informações sobre seus produtos e as campanhas que incentivam o boicote de empresas e produtos causam a impressão de que tudo nas prateleiras é fonte de problemas gigantescos.

No entanto, há alguns princípios básicos que podemos aplicar quando escolhemos produtos mais sustentáveis. Os "três Rs" ecologicamente corretos – reformar, reutilizar e reciclar – são úteis também na hora das compras. Podemos consumir menos comprando produtos que duram mais, reformar e reutilizar as coisas que temos e optar por produtos locais, reciclados e orgânicos sempre que possível.

Nas páginas seguintes, você verá esses princípios aplicados a uma ampla variedade de situações de consumo. O resultado são as 50 melhores dicas que encontrei para consumir de forma mais consciente, desde ótimas idéias para reduzir a quantidade de bens necessários para viver até uma lista de produtos alternativos que ajudarão você a causar menos impacto no ambiente sem gastar uma fortuna. (Naturalmente, como as idéias aqui apresentadas vêm de várias partes do mundo, nem todas são aplicáveis a todos os países, por questões de clima ou de disponibilidade de produtos.)

Várias dessas idéias sugerem maneiras de poupar tempo e dinheiro, reduzindo suas necessidades de compra, mas também há muitas dicas sobre como encontrar produtos usados e reciclados de boa qualidade e artigos novos que causem menos impacto no planeta. Já que normalmente vamos às compras em ocasiões especiais, como aniversários, casamentos e Natal, você também vai encontrar ótimas idéias alternativas de presentes e entretenimento que colecionei ao longo dos anos, assim como algumas maneiras mais conscientes de alimentar, vestir e dar banho nos membros mais jovens de sua família.

Espero que os conselhos deste livro ajudem a esclarecer a nebulosa questão do consumo ético e que o inspirem a buscar novas maneiras de consumir no futuro.

Nota da edição brasileira: Este volume inclui informações e dados relativos ao Brasil, fornecidos pelo jornalista Marcelo Leite, Ph.D.

I ♥ NY

PENSE LOCALMENTE

Fazer compras perto de casa, ou dar preferência a artigos produzidos localmente, traz diversos benefícios ambientais.

Como o comércio local se torna cada vez mais raro e os hipermercados afastados ficam com a maior parte do dinheiro que gastamos, ir a esses estabelecimentos e voltar deles consome um bom tempo e gera muito carbono. Dar preferência a estabelecimentos de bairro ajuda a reduzir a emissão de carbono (a "pegada") dos percursos para ir às compras.

Porém, não é apenas no trajeto até as lojas que elevamos nossa pegada de carbono com compras. A distância que muitos produtos percorrem para chegar aos estabelecimentos também pode ser enorme.

Acredita-se que o conteúdo de um carrinho de supermercado típico percorra mais de 160 mil km até chegar às prateleiras. Essa quilometragem não está indicada nos rótulos dos produtos, mas eis aqui algumas maneiras simples de reduzir a distância que suas compras percorrem até chegar à sua despensa.

1 PREFIRA O COMÉRCIO LOCAL

Fazer compras nas lojas perto de casa promove muitos resultados positivos, e não apenas para o meio ambiente.

As ruas comerciais e estabelecimentos locais são vitais para o bom funcionamento de nossas comunidades. Os conjuntos atraentes de lojas de bairro constituem não só um bom local para fazer compras, mas também para encontrar gente e socializar.

Além disso, como os proprietários tendem a morar na região, o dinheiro gasto nessas lojas também ajuda a economia local. Pesquisas apontam que o dinheiro despendido no comércio local pode circular até três vezes na vizinhança antes de ser absorvido pela economia mais ampla, enquanto a maior parte dos gastos em produtos comprados nas grandes redes deixa a área quase imediatamente.

Quem não tem carro normalmente depende de uma boa variedade de lojas de bairro. Os aposentados e os pais precisam contar com a proximidade de farmácias e correios, pois não têm facilidade de acesso a centros comerciais mais distantes.

As lojas pequenas utilizam menos energia do que os grandes estabelecimentos, que possuem freezers abertos e luzes fortes acesas dia e noite, e cujas portas permanecem abertas com o ar-condicionado ligado. Uma quitanda de bairro pode consumir até um terço da energia por metro quadrado de um supermercado.

Ao dar preferência ao comércio local, utiliza-se menos o carro, o que constitui um dos principais benefícios para o meio ambiente.

Hoje, em países como o Reino Unido, um em cada dez trajetos de carro e 5% de toda a quilometragem são gastos para comprar comida. Por isso, caminhar até as lojas da região sempre que possível faz uma grande diferença, pois promove a diminuição de congestionamentos, a redução dos gastos com combustíveis e o aumento de atividade física.

Se não for possível adquirir tudo de que você precisa nas proximidades, só mudar parte das compras para as lojas locais já ajudará a recuperar a vitalidade da vizinhança. Por que não começar comprando alguns itens comuns nas lojinhas locais e depois pedir para que elas comercializem também os demais produtos que você necessita? É mais provável que o proprietário de uma loja de bairro atenda ao pedido de um consumidor do que o gerente de uma grande rede.

2 PRODUTOS LOCAIS

Os alimentos percorrem distâncias cada vez maiores a cada ano. A agricultura e os gêneros alimentícios são responsáveis por cerca de um terço de todos os bens transportados nas estradas e, entre 1968 e 1998, o comércio internacional de alimentos sofreu um aumento quase duas vezes maior do que o da população mundial.

Atualmente, 85% das flores ornamentais do Reino Unido são importadas. Legumes e frutas cultivados em uma área muitas vezes são transportados centenas de quilômetros para ser empacotados em uma fábrica central, antes de ser enviados para lojas de todo o país e até do exterior. Em São Paulo, por exemplo, é possível adquirir uvas da Bahia, pêssegos do Chile e rosas da Colômbia.

A diferença nos custos de mão-de-obra também desempenha papel fundamental. Os produtos podem ser exportados para países distantes e empacotados em fábricas que pagam salários mais baixos, caso o custo do transporte seja menor do que os gastos de empacotá-los regionalmente.

Outro problema é o fato de sermos encorajados a comprar o mesmo tipo de produto o ano todo. Isso pode acarretar longas viagens aéreas de frutas e legumes cultivados em uma estação diferente no outro lado do mundo.

Mesmo que seja possível identificar o país de origem da maioria dos produtos, não é fácil calcular a distância total percorrida por eles quando se está comprando algo com pressa para o jantar. Porém, ao seguir estas dicas simples, é possível obter grande redução na quantidade de produtos que percorrem um longo percurso até o seu carrinho.

- Consuma produtos da estação. Se fizer questão de certas frutas o ano todo, recorra à produção caseira de geléias e compotas.

- Compre alimentos de produtores da região, em mercados de produtos orgânicos e feiras. Eles sempre possuem os produtos da estação mais frescos.

- Prefira os produtos importados que são transportados de navio, não de avião. Frutas macias e verduras costumam ser transportadas de avião, portanto evite consumi-las fora da estação. Durante os meses de entressafra, escolha frutas que permanecerão frescas mesmo após longas viagens, como bananas, melões e laranjas, que raramente são transportadas em veículos refrigerados.

3 APÓIE AS LOJAS ESPECIALIZADAS

Imagine-se em um hipermercado solicitando ajuda para escolher um livro para seu sobrinho ou pedindo conselhos para preparar determinado tipo de carne ou para encontrar uma televisão que consuma menos energia. Talvez você tenha sorte, mas provavelmente não receberá ajuda alguma.

Com a rapidez com que os supermercados expandem sua variedade de produtos, não se espera que os funcionários estejam bem informados sobre todos os produtos comercializados ali. E isso não é nada bom para os consumidores.

Já o funcionário de um açougue da vizinhança, o dono de uma livraria ou o atendente de uma loja de eletrodomésticos provavelmente estarão mais aptos a aconselhar o cliente a respeito dos produtos que vendem. Eles podem ajudá-lo a escolher melhor e a fazer um bom negócio.

Muitas lojas especializadas também oferecem serviços de encomenda para produtos que não possuem em estoque e os disponibilizam ao consumidor alguns dias depois. Esse atendimento personalizado faz toda a diferença.

COMPRE ONLINE

A internet é um recurso excelente para os consumidores conscientes. Nos locais onde é mais difícil encontrar lojas especializadas, o melhor a fazer é procurar dicas sobre produtos online.

É possível pesquisar e comparar produtos sustentáveis sem percorrer quilômetros atrás de lojas. Além disso, o mercado de produtos usados ganhou novo impulso graças aos sites de leilão e de troca, como eBay, Mercado Livre e Freecycle.

Embora o ideal fosse que tudo isso estivesse disponível em sua cidade, se você comprar pela internet hoje, o futuro do consumo consciente pode estar mais próximo do que imagina.

4 PREFIRA ITENS ECOLÓGICOS

Uma das dicas de consumo consciente mais clássicas é a troca de lâmpadas convencionais por fluorescentes. Eu troquei a maioria de minhas lâmpadas incandescentes há anos, mas, devido à minha inclinação por decoração *vintage*, ainda possuía várias lâmpadas menores, que não conseguia trocar.

Como boa ecoconsumidora, achava muito frustrante ir de loja em loja e encontrar apenas um tipo de lâmpada de baixo consumo de energia à venda. Cheguei quase a desistir.

Então soube de uma loja virtual que comercializava apenas produtos ecologicamente corretos e resolvi conferir. Uma busca rápida no site levou-me a lâmpadas econômicas de todos os modelos e tamanhos de que eu precisava.

As ruas comerciais, com suas grandes redes e programações de longo prazo com fornecedores, ainda não oferecem muitas novas opções. No entanto, a variedade de produtos ecologicamente corretos online cresce rapidamente – de produtos de limpeza mais sustentáveis a roupas, calçados e até mesmo rações animais ambientalmente corretos. Você certamente encontrará primeiro na internet uma mercadoria sustentável nova ou recém-lançada.

Confira a lista de lojas virtuais e sites no fim deste livro para mais detalhes sobre onde começar a procurar.

5 COMECE A FAZER DOWNLOADS

Outra forma crescente de comércio online é o download de músicas e filmes. Muitas formas de compartilhamento são ilegais, mas, para não infringir a legislação de direitos autorais, existem vários sites em que é possível baixar músicas e filmes dentro da lei.

Normalmente, é bem mais barato fazer downloads do que comprar CDs e DVDs. As empresas responsáveis por esse serviço economizam nas embalagens e no transporte, e boa parte da economia é repassada ao cliente. O planeta também ganha, pois deixa de fornecer recursos preciosos (principalmente petróleo, usado na fabricação de produtos plásticos) apenas para transferir informações digitais para seu computador.

Fazer downloads não significa necessariamente ter de assistir a filmes na tela do computador. Eu configurei o meu para transferir som e imagem pelo meu aparelho de DVD direto para minha TV (se você tiver um computador que permita isso, leva apenas alguns minutos para descobrir onde cada fio deve ser conectado). Vários leitores de DVD reconhecem formatos de discos gravados em seu

computador. No fim das contas, não há diferença de qualidade entre um DVD comum ou um cujo conteúdo foi baixado pela internet.

Da mesma forma, se você possui um tocador de MP3, não há razão para comprar CDs, a não ser em casos especiais.

Se você ainda prefere os discos tradicionais, há outras opções úteis disponíveis, como lojas de serviços locais de aluguel, nas quais é possível retirar vários títulos. Isso também ajuda na redução da fabricação de discos, além de deixar mais espaço livre nas prateleiras de sua casa, que seria ocupado com filmes a que você provavelmente assistiria apenas uma vez.

É claro que pegar emprestado em bibliotecas próximas envolve ainda menos transporte. Verifique essa opção, que pode oferecer uma variedade de itens bem maior do que você imagina.

6 PROCURE ITENS USADOS

"Reutilizar" é um dos "três Rs" ecologicamente corretos, e comprar produtos de segunda mão é uma ótima maneira de prolongar sua vida útil – e de quebra economizar dinheiro no processo.

A internet tomou o lugar dos classificados de jornais e é hoje o melhor local para comprar e vender produtos.

Os sites utilizam processos diferentes, e certamente haverá melhoras no futuro.

O **Craigslist** funciona exatamente como um anúncio comum de classificados, oferecendo um espaço para a exposição de itens usados à venda. O sistema de navegação e de busca é muito simples. Lembre-se de selecionar o local mais próximo de sua casa antes de procurar o que você precisa.

O **Mercado Livre** é o exemplo mais famoso, no Brasil, de site de leilão. É possível encontrar quase tudo ali, e normalmente basta fazer uma oferta para os itens desejados e esperar que ninguém bata seu preço antes do prazo. Pode ser um pouco frustrante às vezes, mas conheço muita gente que hoje é especialista em ganhar leilões online e fazer grandes negócios.

(Veja na página 122 os endereços dos sites citados aqui.)

O **Freecycle** é uma rede que ajuda as pessoas de uma mesma região a trocar coisas que não usam mais. É especializada na criação de grupos por regiões, e normalmente é preciso cadastrar-se em um fórum local para trocar mensagens e ver o que se encontra disponível nas proximidades. É também uma maneira ótima de se livrar das coisas de que você não precisa mais. Se estiver mobiliando a casa ou o escritório, vale a pena participar do Freecycle da sua região para encontrar itens de boa qualidade praticamente de graça e economizar dinheiro para outras despesas.

DIMINUA A QUANTIDADE DE PETRÓLEO DA COMIDA

Esta dica parece estranha, mas estou falando na quantidade de petróleo consumido no preparo de alimentos, que pode surpreendê-lo.

Em 2000, um bloqueio feito por pessoas que protestavam contra o preço do petróleo provocou escassez de combustíveis no Reino Unido e, em Londres, ficamos chocados quando deparamos mais tarde com as prateleiras dos supermercados vazias. Mas não é só o transporte de alimentos que utiliza petróleo. De fertilizantes a pesticidas, do maquinário agrícola aos alimentos processados, toda a nossa cadeia alimentícia depende de uma enorme quantidade de petróleo.

As embalagens também tomam parte nisso. Mais de um terço da energia necessária para produzir uma única lata de legumes é usada apenas na fabricação da lata em si.

No final, a emissão de dióxido de carbono causada por todo esse consumo de petróleo faz uma grande diferença. A energia usada para a produção, o processamento e o transporte de alimentos para uma única família provoca a emissão de mais de 8 toneladas de carbono por ano.

Houve grande diminuição na quantidade de comida preparada nos domicílios nos últimos anos. O ritmo acelerado do dia-a-dia contribuiu para reduzir o tempo de preparo dos alimentos e o número de famílias que fazem refeições juntas. Em média, o tempo que se leva para preparar o jantar caiu de 90 minutos, nos anos 1980, para os atuais 20 minutos.

O consumo de alimentos locais, orgânicos e frescos pode significar redução significativa do consumo de energia, e isso não é complicado. Veja as dicas simples a seguir para preparar refeições com menos petróleo.

7 CONSUMA ORGÂNICOS

As lavouras orgânicas utilizam de 50% a 70% menos energia na produção do que a agricultura convencional. Assim, ao optar por alimentos orgânicos, você reduz sua pegada de carbono e ainda ajuda a diminuir a poluição da água e do solo.

Nunca foi tão fácil encontrar alternativas orgânicas. Muitos supermercados têm uma seção de alimentos orgânicos. Portanto, reduzir o impacto ambiental causado por sua comida pode ser tão simples quanto procurar esses produtos nas prateleiras. No entanto, fique atento para os produtos orgânicos que foram transportados por grandes distâncias.

Muitas embalagens de alimentos indicam seu local de origem. Não deixe de verificar a distância percorrida pelos produtos ao escolher os orgânicos, para que, ao tentar solucionar um problema ambiental, não acabe contribuindo para outro pior.

COMPRE MENOS E MAIS VEZES 8

A maioria das pessoas vai somente uma vez por semana ao supermercado e compra uma quantidade maior de alimentos. Pesquisas mostram que a maioria gasta 80% da renda familiar destinada à alimentação nesse tipo de compra.

Com isso, muita comida se estraga. Mais de um terço dos alimentos comprados acaba na lata de lixo, pois compramos muito de uma única vez. Não planejamos com antecedência, e adquirimos ingredientes que nem chegamos a consumir.

A maioria das pessoas costuma ir outras vezes ao supermercado no intervalo entre uma e outra compra principal, a fim de reabastecer a despensa com produtos que acabam ou se estragam com maior rapidez, como pão e leite. Estas visitas de "reabastecimento" não tendem a ser planejadas – ao contrário, costumam ser feitas na volta do trabalho ou junto com outras tarefas, e por isso são muito eficientes e causam pouco impacto no planeta.

Portanto, uma forma de ajudar a reduzir sua pegada de carbono é evitar fazer uma compra grande por semana e fazer várias compras menores de "reabastecimento", adaptando-as à sua rotina. Dessa maneira, você evita sair apenas para fazer supermercado, desperdiça menos e consome mais alimentos frescos.

9 EVITE CONGELADOS

Apesar da popularidade dos livros e programas de TV culinários (somente em 2002, mais de 900 livros desse gênero foram publicados no Reino Unido!), estamos na verdade cozinhando menos. Cerca de um terço das pessoas ingere alimentos congelados ao menos uma vez por semana, e as vendas desses produtos subiram quase 50% em comparação a 1990.

A comida congelada passa por diversos processos antes de chegar às prateleiras dos supermercados. Muitas vezes os ingredientes são originários de vários países ou regiões e transportados para uma fábrica central para o preparo. Em seguida, o produto final é resfriado, congelado e embalado com plástico e papel, antes de ser transportado de caminhão por uma distribuidora até o supermercado.

Apesar da energia utilizada no cozimento, o preparo de refeições a partir de alimentos crus em casa normalmente provoca uma emissão menor de carbono do que as refeições congeladas. Quando se trata de refeições para mais de uma pessoa, então, quase sempre é esse o caso.

Muitos alimentos processados também possuem alto teor de aditivos, como corantes, para garantir que tenham boa aparência após passar uma semana na geladeira, além de grande quantidade de sal (ainda que esta venha sendo aos poucos reduzida, graças às pressões dos defensores da saúde) ou de adoçantes artificiais.

Cerca de um quinto do lixo doméstico é composto de embalagens de alimentos. Boa parte da comida congelada também é desperdiçada, em parte devido ao hábito da compra semanal, mas também por causa das próprias lojas, que descartam alimentos cujo prazo de validade esteja vencido.

Ao comprar comida fresca e preparar mais refeições em casa, todos esses problemas podem ser minimizados.

Se você for tão ocupado como eu, é improvável que tenha disponibilidade para cozinhar todos os dias. Mas existem várias receitas excelentes que não levam muito tempo de preparo.

Para receitas mais elaboradas, uma opção é preparar uma grande quantidade quando tiver tempo e congelar porções separadas, criando seus próprios "congelados". Assim, você poderá fazer suas receitas favoritas e evitar o uso de aditivos e de sal em excesso.

EXERÇA O SEU DIREITO DE CONSUMIDOR

Diz um famoso ditado que "o consumidor tem sempre razão", mas muitas empresas relutam em oferecer opções ecologicamente corretas porque acreditam não haver demanda suficiente por parte de seus consumidores. Afinal, se os produtos que elas comercializam há anos ainda são consumidos e elas não enxergam problema nenhum em suas práticas, por que deveriam correr o risco de mudar?

Muitas vezes, simplesmente dizer aos proprietários dos mercados de sua região que você gostaria de ver mais produtos sustentáveis, orgânicos ou com o certificado Fair Trade (Comércio Justo) nas prateleiras os levará a considerar a comercialização de alguns desses produtos. No caso de empresas maiores, uma carta para a sede pode ser o suficiente para fazer a diferença, principalmente se outras pessoas tiverem a mesma atitude que você.

Exercite seus direitos de consumidor de vez em quando: você provavelmente fará a diferença. Assim, você economizará tempo e será mais simples encontrar produtos ambientalmente corretos no futuro.

10 DIGA O QUE VOCÊ DESEJA

Os mercados (e os supermercados) de sua região provavelmente têm muitas preocupações, e não colocarão questões ambientais como prioridade voluntariamente. Talvez eles apreciem que alguém faça uma pesquisa de mercado para eles e sugira quais produtos devem passar a oferecer.

O mercado do meu bairro passou a oferecer várias marcas de café com o certificado Fair Trade (Comércio Justo) graças a pesquisas feitas por mim e outros vizinhos, que demonstraram haver forte demanda na região.

Se você pesquisou por toda parte para encontrar o produto ecológico perfeito e o encontrou apenas online, por que não trazer o pacote até o mercado e pedir ao dono que passe a comercializá-lo? Isso ajudará outras pessoas, que não terão o mesmo trabalho que você teve. E, da próxima vez que precisar do produto, gastará menos tempo para adquiri-lo.

RECLAME

As empresas querem agradar aos clientes. Se você deparar com itens ecologicamente incorretos sendo promovidos nas lojas, mesmo quando há alternativas melhores à venda, uma reclamação educada pode resolver as coisas. Se determinada empresa começa a utilizar em seu salgadinho favorito óleo ou farinha de soja produzidos em áreas de desmatamento recente, por exemplo, na Amazônia, mandar uma carta pedindo que ela volte a usar a receita original pode funcionar.

Reclamar do marketing também pode ser útil. As empresas e lojas costumam lançar promoções cujos prêmios agridem o meio ambiente, como férias em regiões distantes ou carros que consomem muito combustível. Isso acontece mesmo quando a empresa tem consciência ambiental – já vi um produtor de alimentos orgânicos oferecer um gigantesco jipão como prêmio!

Em geral, as empresas fazem esse tipo de coisa sem pensar, e reclamações educadas de consumidores fiéis podem ser mais eficientes do que um protesto barulhento em frente à sede da empresa exigindo uma mudança de atitude. Por isso, se algo em uma loja deixá-lo irritado, ajude a causa pedindo por escrito que deixe de comercializar um produto muito prejudicial ao meio ambiente ou sugerindo um prêmio mais apropriado para a promoção seguinte.

Siga estas dicas para escrever cartas que com certeza farão a diferença:

- Escreva para a pessoa correta, dirigindo-se a ela pelo nome. Descubra quem é o gerente responsável, o comprador ou o diretor da empresa e escreva diretamente para eles. Normalmente é possível encontrar essas informações no site da companhia. Escrever para a pessoa correta aumentará as chances de a sua carta ser lida e levada a sério, além de demonstrar sua própria seriedade.

- Seja educado e construtivo. Ofereça uma alternativa clara à empresa a respeito do que você reclamar e sugira produtos diferentes ou outro prêmio para uma promoção futura.

12 INICIE UMA CAMPANHA

Há literalmente centenas de exemplos de mudanças feitas por lojas devido a campanhas lideradas por consumidores e ativistas.

Organizar uma campanha pode ser tão fácil quanto lançar um abaixo-assinado na internet ou escrever uma carta para o presidente de uma empresa e pedir que seus amigos façam-na circular. Você pode inclusive usar ferramentas gratuitas da internet, como as comunidades do Orkut e do Facebook, para obter apoio.

Embora possa levar anos de pressão para que uma empresa faça uma grande mudança em sua política, algumas alterações são tão simples e fáceis que as cartas de preciosos consumidores já podem fazer a diferença.

Alguns exemplos de campanhas bem-sucedidas para nos inspirar:

• O movimento Fair Trade (Comércio Justo) cresceu quase exclusivamente como resultado da ação dos consumidores. Surgido na Holanda nos anos 1980, hoje conta com centenas de produtos com esse certificado, que garante aos produtores rurais de países em desenvolvimento uma estrutura melhor para o cultivo de produtos básicos como café, chá, cacau e açúcar.

• A varejista britânica Marks & Spencer, graças à demanda de seus clientes por roupa íntima ecologicamente correta, comprometeu-se a fabricar mais produtos de sua linha básica de algodão com matéria-prima orgânica. Na época do lançamento da linha, em 2006, a nova demanda da empresa por algodão

orgânico foi tão grande que causou escassez temporária do produto no mercado mundial.

• Em 2007, no Reino Unido, a fabricante de chocolates Cadbury relançou sua barra de chocolate aerado, o Wispa, que não era mais fabricado desde 2003. O relançamento deveu-se a uma campanha online feita por consumidores nos sites de relacionamento Facebook, MySpace e Bebo.

• O grupo de defesa do meio ambiente Greenpeace está constantemente pressionando estabelecimentos para que parem de vender lâmpadas do tipo incandescente e comecem a comercializar variedades mais econômicas. Fazendo consumidores mandarem cartões-postais aos gerentes das lojas, o Greenpeace conseguiu que várias cadeias importantes, inclusive a Woolworth, se comprometessem a deixar de lado as lâmpadas antigas.

• No Brasil, a pressão de ONGs ambientalistas como o Greenpeace levou a Abiove (Associação Brasileira das Indústrias de Óleos Vegetais) e a Anec (Associação Nacional dos Exportadores de Cereais) a suspender, em julho de 2006, a comercialização de soja oriunda de áreas desflorestadas no bioma da Amazônia.

COMBATA O DESPERDÍCIO

Fazer grande quantidade de compras de uma só vez pode ser realmente esclarecedor quanto ao problema do desperdício de embalagens: você entra em casa ansioso por desembrulhar todas as suas novas aquisições e, no fim, percebe que está com uma pequena quantidade de novos produtos e uma pilha enorme de sacolas e embalagens plásticas vazias.

O Natal pode proporcionar uma experiência similar: depois que os presentes são desembrulhados, normalmente há mais pacotes do que presentes sob a árvore.

É lamentável que tão poucos produtos de consumo diário utilizem o recurso do refil. Com sorte, é possível encontrar alguns produtos ecologicamente corretos (cada vez mais usados) que funcionam dessa forma. No entanto, há também vários produtos novos que parecem não dar a mínima para o desperdício de embalagens.

É verdade que tudo isso pode ser reciclado. Porém, evitando itens descartáveis, diminuindo a quantidade de sacolas que levamos para casa e reutilizando embalagens e sacolas, podemos contribuir muito para reduzir a quantidade desse tipo de lixo antes mesmo que ele seja criado.

13 NÃO UTILIZE DESCARTÁVEIS

A palavra "descartável" é terrível. Além de encorajar o desperdício de recursos, ela sugere que não existem conseqüências ao jogarmos as coisas fora. Como defensora do meio ambiente, o número cada vez maior de objetos domésticos descartáveis (feitos para ser utilizados uma única vez) faz meu sangue ferver.

Recomendo evitar o uso de qualquer produto descartável, seja um pano para tirar pó que você "simplesmente joga fora após o uso", um barbeador que dura apenas alguns dias ou uma cafeteira que requer um coador de papel toda vez que você prepara café.

Mas é principalmente ao fazer lanches fora de casa que as pessoas usam produtos descartáveis – na forma de talheres de plástico, disponíveis na maioria dos restaurantes que servem refeições para viagem, lanchonetes e cafés. O pior é que eles são feitos de um tipo de plástico que não pode ser reciclado com facilidade.

Uma maneira simples de diminuir o desperdício é levar um garfo e uma colher de verdade para o escritório e guardá-los na gaveta de sua mesa. Assim, ao comprar uma salada para viagem ou tomar um iogurte, não será necessário utilizar talheres de plástico.

EVITE AS EMBALAGENS 14

Ainda nas lojas, procure levar para casa o mínimo possível de materiais que acabarão sendo descartados.

Prefira alimentos sem embalagens, como frutas e legumes frescos, e apóie os estabelecimentos que produzem seus próprios pães e bolos (como padarias ou supermercados). Dessa forma, os produtos não são embalados com camadas de plástico para o transporte.

Nas compras maiores, fique de olho nas embalagens e não se esqueça de reciclar todas as caixas ou de reutilizá-las em casa.

Aqui também são úteis os direitos do consumidor. Se você se sente frustrado porque um produto que costuma comprar vem com excesso de embalagens, escreva para o fabricante como um consumidor fiel e sugira mudanças.

15 SACOLAS E MAIS SACOLAS

As sacolas plásticas são um dos principais problemas ecológicos. Somente no Brasil, mais de 12 bilhões são distribuídas pelas lojas a cada ano, segundo o Instituto Akatu. A maioria é usada uma única vez e depois jogada fora, o que lota os aterros sanitários. Se elas forem parar no meio ambiente, entretanto, podem causar ainda mais problemas. Boa parte do lixo nos oceanos do mundo é composto de plástico, e sabe-se que as sacolas machucam e matam animais, inclusive tartarugas, golfinhos e aves marinhas.

Modbury, na Inglaterra, com apenas 1,5 mil habitantes, gastava centenas de milhares de sacolas plásticas por ano. Graças à iniciativa liderada pelos moradores, a cidade tornou-se a primeira a banir sacolas plásticas, e passará a fornecer sacolas de pano de boa qualidade para as compras e sacos de papel para as aquisições menores.

Para eliminar as indesejáveis sacolas plásticas de sua vida, você pode seguir o exemplo e utilizar sempre sacolas de pano reutilizáveis para fazer compras. Se achar a sacola de pano difícil de carregar, opte por sacolas de palha, de papelão ou do tipo usado em feiras livres, que podem ser dobradas e assim ocupar um espaço pequeno. Se levar uma dessas no bolso ou na bolsa, poderá evitar usar as sacolas plásticas.

Para compras planejadas com antecedência, por que não levar uma sacola maior e mais apropriada? Elas podem ser encontradas em diversos modelos modernos e, além de mais confortáveis, são muito mais elegantes do que as sacolas plásticas.

COMPRAS PARA A CASA

No quesito compras para a casa, não é difícil encontrar opções ecologicamente corretas. De produtos eletrônicos a carpetes e cortinas, há alternativas sustentáveis para tudo: economizar energia (e diminuir o valor das contas), reduzir a poluição (inclusive dentro de casa) e economizar água e recursos naturais.

A eletricidade consumida nos lares dobrou nos últimos 30 anos, principalmente devido à quantidade de novos aparelhos eletrônicos que adquirimos e ao péssimo hábito de deixar tudo no modo *standby*. Mas já é possível encontrar eletrodomésticos que consomem menos energia, e eles estão ficando cada vez melhores.

Embora nem todos possam encher a casa de antiguidades, decorá-la é uma boa oportunidade para lançar mão de móveis usados que serão *vintage* no futuro. Além disso, hoje já se produzem objetos e móveis estofados feitos com diversos materiais sustentáveis, facilmente encontrados na internet ou em centros comerciais.

16 ELETRÔNICOS EM EXCESSO

A quantidade média de eletrodomésticos por domicílio aumentou de até 17 tipos diferentes na década de 1970 para 37 hoje.

Microondas, aparelhos de DVD e videogames são importantes, mas podem consumir grande quantidade de energia – principalmente se não possuírem um botão off (desliga) apropriado e forem deixados no modo *standby* (espera) o tempo todo. Procure comprar máquinas com funções e modo ***standby*** que economizem energia e sempre retire o plugue da tomada quando tiver terminado de usá-las, a fim de tornar seu uso o mais sustentável possível.

Não é apenas a eletricidade que causa problemas. Todos temos equipamentos eletrônicos que nunca usamos e que acabam guardados nos armários – por isso reflita se você realmente utilizará aquela máquina de fazer pão, bater sorvete ou de engraxar sapatos antes de comprar mais um aparelho eletrônico. Gastam-se muita energia e muitos recursos naturais na fabricação desses aparelhos, e os eletrônicos descartados ocupam um grande espaço nos aterros sanitários, causando uma poluição agressiva por causa dos metais pesados e outros compostos químicos usados em seus circuitos.

Evitando esses produtos eletrônicos dispensáveis, você manterá o planeta mais limpo e preservará recursos preciosos, além de espaço no armário.

OS POUCO POLUENTES 17

Muitos eletrodomésticos, como lava-louças e geladeiras, trazem selos com indicações exatas de quanto são ambientalmente corretos. Escolha os produtos com melhor classificação e você economizará quantias inestimáveis, já que esses bens são responsáveis por 40% da eletricidade que consumimos.

Fique atento também aos selos do Procel (Programa Nacional de Conservação de Energia Elétrica) e do Conpet (Programa Nacional de Racionalização do Uso dos Derivados do Petróleo e do Gás Natural). Eles indicam os aparelhos com melhor eficiência energética e menor consumo de combustíveis (o segundo vale apenas para produtos derivados de petróleo e gás natural).

Outra idéia é substituir suas antigas lâmpadas incandescentes, que consomem muita energia, pelas fluorescentes. Cada lâmpada substituída o fará economizar mais de 15 vezes o valor que pagou por ela, em contas de luz e trocas de lâmpadas durante sua vida útil.

Compre hoje mesmo lâmpadas apropriadas para sua casa. Mas não faça o mesmo que eu fiz: não compre lâmpadas de reserva. A que comprei está na gaveta e ainda vai ficar lá por muitos e muitos anos.

18 CONSERTE SEUS APARELHOS

Nossa cultura aos poucos se dirige para uma atitude de "não quer mais, jogue fora": somente na Europa, mais de 6 milhões de toneladas de aparelhos eletrônicos vão parar em aterros sanitários todos os anos. Isso é um completo desperdício, uma vez que eles contêm materiais úteis que poderiam ser reciclados. Além disso, é um desperdício da energia usada para produzi-los. Durante a vida, uma pessoa comum será responsável por 3,3 toneladas de lixo elétrico.

Muitas coisas não precisam ser jogadas fora e poderiam ser reformadas ou consertadas, a fim de durar vários anos mais.

Costumamos mandar consertar eletrodomésticos maiores, como máquinas de lavar, mas quando foi a última vez que você levou algo menor, como uma torradeira, para a oficina de conserto? O fato é que, em geral, parece ser muito mais fácil comprar uma nova torradeira por um bom preço. Por isso, milhões de aparelhos como esse, com pequenos defeitos, acabam no lixo desnecessariamente.

A melhor maneira de evitar tudo isso é, antes de mais nada, não comprar eletrodomésticos descartáveis e investir em algo durável, passível de ser consertado. Só assim você realmente fará um bom negócio.

Outra medida é recorrer a pessoas capacitadas da sua região para consertar os seus aparelhos. Muitas pequenas lojas de eletrodomésticos ainda realizam muito bem esse tipo de serviço e são fáceis de localizar utilizando a lista telefônica ou a internet.

Apoiar empresas nacionais também é ótimo para a economia local: em vez de pagar uma multinacional por um produto novo que foi fabricado a baixo custo e transportado do outro lado do mundo, opte por gastar seu dinheiro localmente, pois assim ele poderá circular na vizinhança.

19 MÓVEIS SUSTENTÁVEIS

Melhorias na casa e móveis novos são grandes negócios, e espera-se que durem anos. Você irá conviver diretamente com o resultado desses investimentos por algum tempo, por isso vale a pena certificar-se de que sua mobília seja feita de materiais não tóxicos e sustentáveis, e também de que levou a uma baixa emissão de carbono.

A categoria móveis usados inclui desde antiguidades de alto valor a "quinquilharias" baratas, mas cada peça de segunda mão que você compra significa que árvores não precisaram ser cortadas e que outros materiais não precisaram ser fabricados para um novo produto.

Dicas para encontrar móveis de segunda mão:

• Para comprar peças menores, vá a antiquários e leilões. Muitos objetos não são tão caros quanto se imagina.

• Para adquirir produtos usados em sua região, procure nos classificados ou na internet.

• Os bazares de caridade costumam vender móveis usados em excelente estado.

• Se você sabe lidar com lixas de madeira, lojas de quinquilharias da região podem oferecer produtos baratos incríveis e com estilo, que só precisam de um pouco de amor, cuidado e reforma.

Móveis novos também podem ser sustentáveis e não tóxicos. Siga estas dicas para reduzir o impacto de suas compras para a casa:

• Certifique-se de que não está apoiando madeira não sustentável. Compre móveis com certificado do Conselho Brasileiro de Manejo Florestal (FSC, www.fsc.org.br).

• As mobílias feitas com madeira reaproveitada, de demolição e móveis quebrados são cada vez mais comuns hoje em dia: procure por elas, bem como por peças feitas de metal e plástico reciclados.

• No piso, evite linóleo de PVC e tapetes de materiais sintéticos. Alguns materiais para pisos naturais, aconchegantes e atrativos: bambu, borracha, linóleo, juta, sisal, fibra de coco e até algas marinhas.

• Escolha cortinas, almofadas e outros tecidos para a casa feitos de materiais sustentáveis e resistentes, como algodão orgânico, cânhamo, linho ou bambu.

E lembre-se: quando não quiser mais utilizar seus móveis, feche o ciclo certificando-se de que eles sejam reutilizados em outras casas. Dê para alguém, venda pelo jornal ou pela internet, ou doe. Muitas casas de caridade precisam de móveis e, caso estejam em sua região, talvez você nem precise se preocupar com o transporte.

MODA CONSCIENTE

Comprar roupas pode ser um tanto confuso se você for ecologicamente correto. A indústria da moda é bem mais complexa do que a de alimentos e possui mais estágios de produção, todos com armadilhas ecológicas e éticas.

Para a produção de uma única peça de roupa, é preciso cultivar e colher fibras vegetais, que depois serão combinadas e trançadas até se tornarem tecidos. Estes serão em seguida tingidos, cortados e costurados, para finalmente serem transportados até as lojas. Com tudo isso para monitorar, fica bastante difícil garantir que uma roupa seja "ecológica e ética".

Mas essa complexidade também significa que há várias maneiras de fazer a diferença. Aplicar requisitos de Fair Trade (Comércio Justo) e de produtos orgânicos a cada um desses processos poderia melhorar a vida de inúmeras pessoas e proteger o meio ambiente.

É claro que a maneira mais simples de reduzir o impacto causado por nosso guarda-roupa é reutilizar, reciclar e reformar as roupas e materiais já existentes, mas ser ecologicamente correto também é uma ótima desculpa para diminuir seu consumo, comprando produtos de boa qualidade que irão durar mais tempo. Também tentarei explicar como as empresas estão produzindo novos tecidos com características sustentáveis.

20 ADOTE O VINTAGE

Uma das coisas de que mais gosto são roupas de brechó. Quando estava na faculdade, na década de 1990, o estilo dos anos 1970 voltou à moda, então todos circulavam pela cidade com os antigos sapatos de plataforma e coletes apertados da mamãe. Naquela época, o estilo dos anos 1980 estava bastante fora de moda, mas hoje é novamente comum usar manga-morcego e camisetas listradas.

De fato, hoje em dia parece que os estilos de todas as épocas após os anos 1920 estão em voga. Isso é ótimo para quem adora a moda de uma década específica ou deseja um pouco de variedade em seu guarda-roupa, mas é ainda melhor para o planeta.

Comprando artigos *vintage*, você não só obtém peças lindas e de boa qualidade por uma fração do preço dos artigos de marca, como também, ao reutilizar, faz grande contribuição à economia de recursos e à redução das emissões de carbono.

A outra boa notícia é que o comércio de moda *vintage* vem crescendo rapidamente. Há cada vez mais brechós, além de um grande número de vendedores online. Há também bazares de caridade especializados em descobrir as melhores peças *vintage* entre suas doações, para que você não tenha de fazer todo o trabalho sozinho.

21 REFORME E AJUSTE

Alguns dos problemas que podem nos levar correndo aos centros comerciais para fazer muitas compras é quando algo rasga ou se estraga, ou quando você engorda ou emagrece e descobre que suas roupas favoritas não servem mais. Aprender a fazer consertos e ajustes simples pode ajudar você a continuar usando suas peças preferidas.

Essa habilidade também pode ser útil se você topar com uma peça usada ou vintage que precisa apenas de alguns ajustes.

Não se desespere: eu não sei costurar muito bem, mas, mantendo os pontos pequenos e no avesso, é possível fazer bem ajustes simples (como diminuir alguns centímetros da cintura da calça), mesmo sendo principiante.

Se você realmente não sabe manusear agulha e linha, experimente ir a uma costureira. Muitos bairros contam com costureiras especializadas em pequenos ajustes, como barras, e também oferecem serviços de reforma – tudo por um preço muito menor do que o de uma peça nova.

Outro investimento que vale a pena é reformar regularmente seus sapatos. Uma troca de saltos no momento certo pode evitar que seu par favorito acabe tão gasto que já não possa mais ser consertado.

COMPRE RECICLADOS 22

Muitas empresas investem no desenvolvimento do mercado de roupas feitas de materiais reciclados. Há desde saias criadas com retalhos da indústria da moda a ternos com estilo renovado, ou até moletons feitos de garrafas PET recicladas.

Infelizmente, esse tipo de roupa ainda é raro, mas é possível encontrar peças feitas com tecidos reciclados em butiques de estilistas ou até em redes de lojas.

Desconfie das propagandas (as grandes empresas que vendem Itens como camisetas recicladas tendem a alardear o fato, principalmente se não forem muito ecológicas em outras áreas) e verifique sempre a etiqueta.

Procurar na internet também pode ajudar em sua busca por peças feitas de materiais reciclados.

Duas das minhas empresas favoritas no Reino Unido que fabricam roupas recicladas: a indústria de sapatos Terra Plana (que também fabrica tênis reciclados) e a confecção From Somewhere, cuja loja em Londres vende roupas de patchwork com muito estilo. (O comércio equivalente no Brasil ainda é incipiente.)

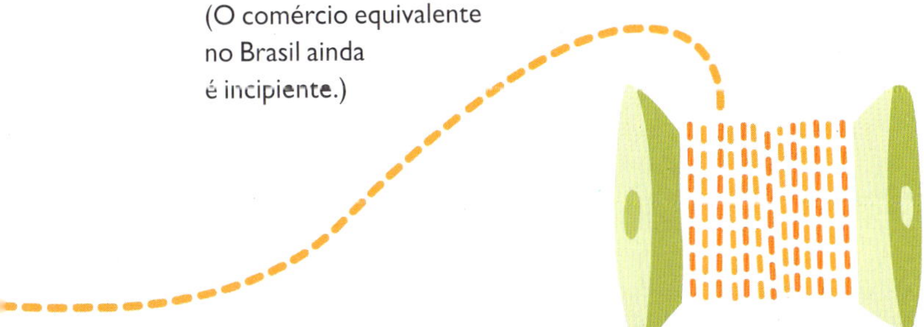

23 COMPRE QUALIDADE

Numa época de "moda efêmera", que acaba sendo destinada aos lixões, todos ainda sonhamos secretamente com um guarda-roupa lotado de roupas clássicas e duráveis, que combinem umas com as outras. Quem não gostaria de evitar o problema de decidir o que vestir de manhã?

Embora a maioria das pessoas não possa se dar ao luxo de vestir-se dos pés à cabeça com as melhores roupas, é possível fazer algumas grandes aquisições e ainda economizar dinheiro. Aplico esse princípio especialmente em relação a sapatos e casacos de inverno. Após passar outonos seguidos com um casaco esfarrapado e gasto do ano anterior, imaginando o motivo de não encontrar novamente o mesmo produto nas lojas, desisti e esbanjei investindo em um casaco preto clássico de alta qualidade, feito na Itália, em uma loja relativamente chique.

Foi o melhor negócio que já fiz. Ele era elegante e quente, vestia muito bem e durou três invernos e meio antes de precisar ser substituído.

No caso de peças básicas, como casacos, calças e sapatos, comprar menos, mas certificar-se de que se trata de um produto ético e de alta qualidade, é uma atitude capaz de economizar muitos recursos e ajudar bastante o planeta – isso vale até mesmo para o caso de esses produtos não serem feitos de fibras sustentáveis.

24 TROQUE

Todo mundo tem roupas que são ótimas na teoria, mas que simplesmente não usa. Entre esses itens estão aqueles grandes ou pequenos demais, os que não caem tão bem quanto pensávamos, ou os que já foram vistos em festas o bastante para serem usados novamente.

Seja qual for o seu caso, uma ótima maneira de renovar seu guarda-roupa (e o de seus amigos) é organizar uma festa para trocar roupas. Esse tipo de festa é bastante popular hoje no exterior, onde são organizadas grandes *swap parties* e onde até casas noturnas promovem noites com o slogan: "Nem pense em voltar para casa com as roupas com que você chegou".

Dar uma *swap party* é muito simples. Como é algo mais comum entre mulheres, certifique-se de que os respectivos namorados, irmãos e pais das convidadas não estejam em casa, ou eles farão comentários bobos. Convide entre quatro e dez amigas, sirva bebidas e lanches e mostre as roupas que não usa mais. Cada uma experimenta as peças que agradaram e depois leva para casa o que quiser no fim da noite. Festas desse tipo são ótimas maneiras de adquirir novas roupas de uma fonte confiável e de abrir espaço em seu guarda-roupa. Desde que ninguém vá de helicóptero, também é uma forma divertida de salvar o planeta.

25 FIBRAS SUSTENTÁVEIS

O algodão é o produto agrícola não comestível mais valioso do mundo e uma das lavouras que mais utilizam recursos – é responsável por 16% do uso mundial de inseticidas. Muitos produtores de algodão pobres sofrem com os efeitos dos compostos químicos utilizados na agricultura e não recebem um pagamento justo das grandes empresas que compram sua produção.

Levar os requisitos do Comércio Justo (Fair Trade) e de produtos orgânicos para a indústria do algodão pode melhorar a vida de milhares de pessoas, além de proteger o meio ambiente. Devido ao grande impacto causado pela produção dessa planta, sempre que posso compro itens de algodão orgânico.

Mas há outras fibras que causam um impacto ainda menor do que o do algodão orgânico.

O cânhamo necessita de pouquíssimos nutrientes e pode ser cultivado organicamente na maioria das regiões do planeta, mesmo em áreas propensas à aridez ou a inundações. As fibras podem virar tecidos de graus variados de qualidade, e a planta produz óleo e sementes para a alimentação.

O bambu, um tipo de gramínea, cresce com incrível rapidez, sem precisar de fertilizantes artificiais na maioria dos locais em que é cultivado. Pode ser usado para muitos artigos domésticos, além de ser transformado em um tecido resistente.

A lã produzida organicamente vem de ovelhas que não são banhadas em produtos químicos e que não pastam exaustivamente no mesmo terreno até degradá-lo. Isso garante que a lã orgânica cause um impacto ambiental muito baixo.

26 PRODUTOS ÉTICOS

A moda ética é uma tendência crescente. No ano passado, por exemplo, fui convidada para participar de um debate chamado "Is Green the New Black?" (algo como "Será Verde o Novo Pretinho Básico?"), e, se pudermos nos guiar pelo número de novas marcas que produzem roupas orgânicas ou do Comércio Justo, a onda da moda consciente parece ter vindo para ficar.

Infelizmente, as lojas das regiões comerciais onde as pessoas compram a maioria de suas roupas não seguem essa tendência com tanta rapidez. Embora várias lojas já estejam introduzindo linhas ecologicamente corretas, a maioria das roupas que vendem ainda é fabricada de maneiras que não respeitam nem o planeta nem os direitos de quem as produz.

Pode ser difícil descobrir a origem das roupas dessas lojas: a maioria das etiquetas não diz muito. "Made in" refere-se apenas ao local onde os toques finais foram dados, e não às áreas onde as matérias-primas foram cultivadas ou onde o tecido foi fabricado. Os certificados éticos também podem confundir. Seria excelente ver símbolos mundiais nas etiquetas (como as instruções de lavagem) que fornecessem informações sobre o impacto ambiental e os direitos dos trabalhadores. Mas, enquanto isso não ocorre, aqui estão algumas certificações confiáveis que podem ser encontradas no Brasil.

Certificação IBD/IFOAM Accredited

Certificado de produtos orgânicos, como alimentos e cosméticos. Garante que foram cultivados ou produzidos de formas sustentáveis, respeitando o meio ambiente e o trabalhador, e que os produtos estão livres de contaminações químicas. (www.ibd.com.br)

FairTrade Brasil

O selo FairTrade significa que se levou em conta o bem-estar de trabalhadores e produtores rurais no cultivo do produto. Fazendeiros e cooperativas terão recebido um preço justo por sua produção e trabalhadores tiveram uma remuneração satisfatória pelo processamento ou colheita dos produtos, assim como condições de trabalho decentes. (www.fairtradebrasil.net)

Selo FSC

Atribuído pelo Conselho Brasileiro de Manejo Florestal, este selo garante que produtos como papel, madeira e castanhas tenham vindo de áreas de reflorestamento ou de mata nativa com manejo controlado. (www.fsc.org.br)

Comércio ético sem fronteiras

A Ethical Trading Initiative (algo como "Iniciativa do Comércio Ético") é uma associação de empresas, organizações não-governamentais e sindicatos. Sua função é criar e implementar códigos de práticas corporativas que sirvam de parâmetro para as condições de trabalho nas empresas que constituem seus fornecedores. Não existem garantias de que todas as mercadorias de uma empresa afiliada à iniciativa sejam produzidas por trabalhadores em condições adequadas de trabalho, mas ao menos elas estão discutindo o problema e buscando melhoras para o futuro. O site, www.ethicaltrade.org (em inglês), oferece ainda publicações (também em língua inglesa).

Ethiscore

A revista Ethical Consumer (em inglês, publicada no Reino Unido) desenvolveu um sistema que analisa produtos segundo uma série de critérios éticos, como condições de trabalho e proteção ao meio ambiente. O site da publicação (www.ethiscore.org, em inglês) dá acesso gratuito a grande parte das reportagens – apenas uma pequena parte é restrita aos assinantes.

SAÚDE E BELEZA SUSTENTÁVEIS

As loções e os produtos para fazer que cabelos, unhas e corpo tenham aparência, sensação e cheiro melhor são um negócio bilionário. Tanto os homens como as mulheres hoje desejam parecer "dez anos mais jovens", e gasta-se muito dinheiro todos os anos em produtos contra o envelhecimento.

Ao contrário dos medicamentos, as normas de certificação e propaganda para os produtos de saúde e beleza não são tão rígidas. Muitos produtos alegam ser "naturais" ou conter "extratos de ervas" quando, na verdade, são quase integralmente sintéticos ou feitos com derivados de petróleo.

O transporte e as embalagens também causam vários problemas. A maioria dos produtos de beleza possui forma líquida e pesada, por isso seu transporte utiliza uma grande quantidade de combustível fóssil. Além disso, o aspecto luxuoso da embalagem é responsável pela metade do apelo de consumo de diversos cremes faciais e perfumes.

É essencial sentir-se limpo, refrescante e com bom aspecto, e é ótimo que cada vez mais empresas prontifiquem-se a produzir cosméticos, cremes e xampus que, além de causarem menos impacto no planeta, sejam mais saudáveis.

Esses produtos em geral não dispõem de muita verba para propaganda. No entanto, se as grandes empresas estão sempre nos persuadindo a experimentar seus novos produtos e "novas" fórmulas, por que não deveríamos experimentar também produtos melhores e mais sustentáveis?

Por possuírem mais ingredientes naturais, há mais probabilidade de os produtos sustentáveis serem mais agradáveis e lhe fazerem bem. Experimente-os e, se gostar do resultado, você terá encontrado outra maneira comprovada de salvar o mundo – e de ficar com o cabelo e a pele mais bonitos também.

27 EVITE CERTOS INGREDIENTES

No preparo de cosméticos e produtos de beleza podem ser empregados literalmente milhares de ingredientes, muitos dos quais apresentam riscos potenciais.

É pouco provável que os produtos químicos e concentrados utilizados em produtos de beleza provoquem danos imediatos. No entanto, ao utilizar grande variedade de produtos diariamente, você pode se expor a um coquetel químico que se acumulará ao longo dos anos e poderá causar reações alérgicas ou de outros tipos.

O descarte desses produtos pelo ralo tampouco é benéfico para a saúde do meio ambiente.

Todos os produtos que você puder trocar por alternativas mais seguras o ajudarão a reduzir esses riscos.

Flúor

Os cremes dentais com flúor não são a única maneira de conseguir um sorriso mais limpo e branco. Na verdade, consumir muito flúor pode causar manchas amareladas nos dentes. Se você mora em uma região onde o flúor já é adicionado à água, é uma boa idéia escolher um creme dental que contenha mais ingredientes naturais.

A forma do flúor, normalmente fluoreto de sódio ou monofluorfosfato de sódio, é apresentada nos ingredientes de todas as embalagens de cremes dentais.

Ftalatos

Compostos utilizados como emolientes e hidratantes para ajudar os ingredientes a penetrar nas camadas externas da pele (o que não é bom, se combinados com outros produtos químicos!). Os ftalatos são semelhantes a hormônios e, pelo fato de poderem prejudicar o desenvolvimento infantil e causar alergias, sua utilização em brinquedos foi proibida na União Européia e nos EUA.

Essas substâncias são facilmente identificáveis nos rótulos, já que todas apresentam a palavra "ftalato" em seus nomes.

Formaldeído

Produto químico conservante geralmente adicionado a xampus e desodorantes, e também encontrado na maioria dos esmaltes. É conhecido por causar irritações nos olhos e nos pulmões e pode causar alergia em caso de exposição freqüente.

É relativamente fácil evitar esse produto químico, pois os cosméticos que contêm formaldeído trazem essa informação em seus rótulos.

28 ALTERNATIVAS NATURAIS

Há diversos ingredientes naturais e muito menos tóxicos que podem ser utilizados em cosméticos, e que funcionam tão bem quanto as alternativas sintéticas.

Fique atento a esses ingredientes para ter um banheiro ecologicamente mais correto.

Sabonete natural
O sabonete foi inventado há milhares de anos e era feito de óleos naturais e sais alcalinos. Vários fabricantes produzem sabonete à moda antiga, usando perfumes naturais como lavanda e óleos de frutas. Alguns são tão cheirosos que dá vontade de comê-los.

Xampus e loções orgânicos
Os produtos realmente orgânicos, mesmo que não sejam de marca luxuosa, apresentarão a certificação adequada no rótulo. Por isso, fique atento a ingredientes vegetais e genuinamente orgânicos.

Creme dental sem flúor
Há muitos cremes dentais eficazes que não contêm flúor, mas sim componentes naturais antibacterianos e branqueadores. Experimente bicarbonato de sódio (meu favorito), babosa, óleo de melaleuca ou de semente de anis para trazer um pouco de variedade aos seus cremes dentais.

Cera de abelha
Uma ótima alternativa para ceras derivadas do petróleo em brilhos labiais ou batons.

SEM CRUELDADE

Muitos cosméticos e artigos capilares ainda são correntemente testados em animais, mesmo havendo mais de 10 mil ingredientes comprovadamente seguros para o uso humano. Há diversos métodos de teste muitas vezes mais precisos e até mais baratos que não envolvem animais.

Portanto, não há motivo para utilizar cosméticos testados em animais, e isso é cada vez mais fácil de evitar. O Humane Cosmetic Standard é um sistema internacional de aprovação para cosméticos que não utiliza testes de laboratório com animais. É possível encontrar uma longa lista de empresas aprovadas em seu site.

29 REDUZA AS EMBALAGENS

Uma vez que a maioria dos produtos possui os mesmos ingredientes e funções, boa parte do valor das marcas e de sua preferência no mercado vem literalmente condicionada pela maneira de embalar o produto.

Isso pode levar a desperdícios como o acondicionamento de um minúsculo creme para a região dos olhos em um tubo, em uma caixa e depois em uma embalagem plástica que ocupa mais de 30 cm^2 na prateleira.

Faça sua parte e combata essa moda, dando preferência a empresas que não exageram nas embalagens. A maioria das fábricas de produtos de beleza sustentáveis opta por embalagens de tamanhos e formas padronizadas e acredita que os ingredientes utilizados bastam para tornar o produto desejável. Muitos produtos vegetais encontrados em lojas de produtos naturais também vêm com pouca embalagem.

PREFIRA REFIS 30

Outra maneira de reduzir as embalagens e economizar é usar refis. Algumas empresas de produtos saudáveis e orgânicos utilizam essa opção – tanto para produtos de limpeza quanto para artigos como xampus.

Se preferir, você pode estabelecer um serviço de refis em sua própria casa. Compre produtos em embalagens maiores, guarde-os na despensa e utilize-os para completar as embalagens menores dos produtos que você utiliza diariamente. Comprar em grandes quantidades sai mais barato e é ótimo para o planeta.

31 UTILIZE MENOS AEROSSOL

Se houvesse algo que eu pudesse "desinventar" seria o aerossol. Apesar de hoje não conter elementos químicos que causam danos à camada de ozônio, o propulsor utilizado em seu interior (geralmente gás butano) é um combustível fóssil, inflamável e bastante perigoso.

Os aerossóis são completamente dispensáveis. Não consigo pensar em uma única tarefa na qual sejam essenciais. Apesar disso, grande variedade de produtos de beleza e de cuidados pessoais ainda é vendida em latas de aerossol. Experimente estas alternativas para eliminar os aerossóis do dia-a-dia:

- Use desodorantes roll-on ou em creme. Ou faça uma opção realmente sustentável, sem produtos químicos perigosos: experimente usar um desodorante de cristal (produto.mercadolivre.com.br/MLB-74296638-desodorante-cristal-_JM). Trata-se de um bloco de cristais de sal, a pedra-ume natural. Ao contrário dos outros antitranspirantes, que contêm alumínio, a pedra não bloqueia os poros para que você não transpire, mas elimina efetivamente as bactérias para que você cheire bem o dia todo – e sem deixar aquelas marcas brancas de desodorante!

- Se você é homem, utilize creme de barbear ou sabonete e um pincel à moda antiga. Ambos são melhores para sua pele do que a espuma em aerossol, e me disseram que é fabuloso utilizar o pincel.

- Compre fixador de cabelos em bisnagas. Elas podem ser reutilizadas, ao contrário dos aerossóis.

PROGRAMAS ECOLOGICAMENTE CORRETOS

Os programas que fazemos nos momentos de lazer representam grande parcela do total de energia que consumimos. Quase 20% das emissões de carbono são produzidas em atividades de entretenimento e, se incluirmos aí também as festas com alimentos e bebidas, o número chega a 31%.

Isso pode ser uma surpresa, já que boa parte das atividades de lazer não envolve diretamente a queima de combustíveis fósseis. Entretanto, é preciso considerar as atividades anteriores envolvidas aí, que realmente contribuem para esses índices. Um exemplo é o transporte, como o de alimentos até o restaurante ou o nosso deslocamento até o cinema ou parque de diversões.

Em *Admirável Mundo Novo*, famoso livro escrito nos anos 1930, Aldous Huxley realiza um trabalho maravilhoso ao prever os tipos de atividades de lazer que desperdiçam recursos desnecessariamente. Da "estafeta centrífuga" (um jogo de bola mecanizado para crianças) à "pelota escalátor" e aos "cinemas-sensíveis" (cinemas de alta tecnologia que proporcionam efeitos táteis), tudo era criado para consumir a maior quantidade possível de recursos e manter a sociedade ocupada. As autoridades se orgulhavam de ter condicionado as pessoas a praticar esportes campestres, dizendo: "Providenciamos para que todos os esportes campestres determinem o uso de aparatos elaborados. Assim, eles consomem produtos elaborados e também o transporte" (HUXLEY, Aldous. *Admirável Mundo Novo*. Trad. Lino Vallandro. São Paulo: Editora Globo).

No que diz respeito às atividades de lazer, hoje não estamos longe da visão de *Admirável Mundo Novo*, pois nos abstemos cada vez mais das atividades naturais e consumimos tempo e dinheiro freqüentando "complexos de entretenimento" passivos e centralizados. Trocar apenas algumas dessas atividades não sustentáveis por prazeres mais simples pode fazer grande diferença para o planeta.

32 CLIENTE CONSCIENTE

Já vimos como reduzir o impacto de nossas refeições em casa. O mesmo princípio da preferência a alimentos da estação pode ser aplicado também aos restaurantes. Hoje cada vez mais restaurantes orgânicos e ecologicamente corretos são inaugurados, mas eles tendem a ser bastante exclusivos e de difícil localização. Por isso, ajudar e incentivar os restaurantes já existentes a serem mais sustentáveis é uma ótima maneira de fazer a diferença sem abandonar seus estabelecimentos favoritos.

Os restaurantes podem precisar de muito incentivo. Estudos mostram que mesmo os fornecedores de alimentos inclinados a procurar ingredientes locais sentem dificuldade em encontrar fontes de alimentos confiáveis na região. Para um pequeno empresário sobrecarregado, até mesmo um esforço mínimo pode funcionar como desencorajamento, a menos que ele saiba que isso ajudará seu negócio de alguma maneira.

Um dono de restaurante declarou, quando questionado sobre o motivo de seu estabelecimento não ser muito ecológico, que raramente os consumidores perguntavam sobre o impacto ambiental causado pela comida servida, e que achava que isso não importava para eles. Então, a alternativa mais simples é dizer que isso é importante! Converse com o gerente de seu restaurante favorito e pergunte se ele já pensou em servir mais alimentos orgânicos e regionais. Talvez você até descubra que ele já está considerando a idéia e só precisa de incentivo para realizar a mudança.

A publicidade é importante para qualquer restaurante. Por isso, não se esqueça de mencionar que a sustentabilidade é uma coisa ótima a anunciar em folhetos e propagandas nos jornais, a fim de atrair novos clientes com consciência ecológica – e manter satisfeitos os clientes fiéis.

Substituir as garrafas de água de plástico por água do filtro em garrafas de vidro laváveis é outra sugestão a se fazer. As garrafas de água consomem uma quantidade enorme de energia com seu transporte pelo mundo e normalmente vêm em embalagens não degradáveis, o que provoca ainda mais problemas. Trata-se do setor de bebidas que mais cresce no mundo: somente a população do Reino Unido bebe mais de 13 milhões de litros por semana.

Porém, como a água filtrada é muito mais ecologicamente correta e tão segura quanto a água engarrafada, não há necessidade de consumir a que vem nas embalagens plásticas.

33 LAZER SUSTENTÁVEL

Na teoria, os momentos de lazer poderiam ser uma das situações nas quais se gastariam menos recursos. O que poderia ser mais ecologicamente correto do que caminhar no parque ou jogar futebol em um campo perto de casa?

Divirta-se ainda mais em seus momentos de lazer com prazeres mais simples de vez em quando e você também reduzirá sua emissão de carbono.

Você descobrirá que existem dezenas de atividades em sua região que não envolvem longas viagens nem um maquinário complexo. Assista ao time de futebol ou de vôlei de seu bairro jogar (ou participe do jogo!); ao visitar um bar mais distante, faça-o caminhando com um grupo de amigos; apóie bandas e companhias teatrais locais que se apresentam em teatros menores; ande de bicicleta ou faça um curso noturno para aprender algo novo, ou artesanato. Assim você se diverte e faz novos amigos, além de consumir menos carbono.

1

OCASIÕES ESPECIAIS

Há datas comemorativas o ano inteiro. Desde o Natal e a Páscoa até o Dia dos Namorados, o Halloween e, é claro, aniversários, elas são ótimos pretextos para fazer uma festa com muitos presentes.

Ao longo dos anos, as festividades religiosas tradicionais, como o Natal, se transformaram. De pequenas refeições familiares ou visitas à igreja, algumas viraram semanas e mais semanas de festas ininterruptas e de compras. Se você for ecologicamente correto, pode parecer difícil tornar essas comemorações menos prejudiciais ao meio ambiente – não é nada agradável interromper uma festa com uma enorme lista de práticas ecológicas!

Entretanto, é possível se divertir de maneira mais sustentável. O segredo é realizar algumas mudanças simples para que a diversão aumente, ao invés de diminuir.

34 DICAS PARA FESTAS

As festividades familiares, como o Natal, são ótimas para o planeta. As pessoas se reúnem com os amigos e a família na casa de alguém e por alguns dias dividem as tarefas, como cozinhar e comer, reduzindo consideravelmente o consumo de energia por pessoa.

No entanto, as festividades tradicionais podem facilmente se tornar ocasiões de exagero desnecessário. Assim, siga estas dicas para festas mais conscientes:

- Compre carne de pecuária orgânica de um fornecedor local para preparar o assado da refeição principal. Animais criados com base em preceitos orgânicos consomem bem menos recursos, inclusive energia, água e pesticidas, além de ter carne muito mais saborosa – o que você irá notar mesmo ao reutilizar o que sobrou da refeição.

- Lembre-se de comprar alimentos locais para os demais pratos, e não se esqueça de usar as cascas como adubo e de reciclar garrafas e outras embalagens.

- Para as decorações com luzes, invista em LEDs (diodos emissores de luz). Eles consomem bem menos energia do que as lâmpadas tradicionais e possuem belas funções de mudança de cor.

- Na Páscoa, compre chocolate orgânico com o selo Fair Trade (Comércio Justo) para seus amigos e familiares. Ele é geralmente mais saboroso e bem mais "chique" do que as marcas normais. É mais caro, mas receber uma quantidade menor quando o sabor é tão bom não chega a ser um problema.

E, no fim das festas, por que não queimar as calorias de toda aquela comida e bebida trabalhando voluntariamente ao ar livre? Há projetos de preservação por todo o país. Dessa maneira, você se exercita e ainda ajuda o meio ambiente.

35 DANDO FESTAS

A maioria das festas para comemorar aniversários, um novo emprego, a aprovação em uma prova, a mudança para uma nova casa ou a vitória de um jogo de futebol costuma ser menos elaborada e tradicional do que festividades como o Natal. Tudo o que é necessário para dar uma festa são muitos amigos e algumas bebidas. Desde que você recicle as garrafas no fim da festa, não há nenhum problema ambiental.

Entretanto, festas mais organizadas podem consumir uma boa quantidade de carbono. E, quando se chega ao ponto de importar esculturas de gelo vindas do Alasca, o planeta começa a soar o alarme.

A maioria das festas situa-se entre esses dois extremos, mas há maneiras simples de mantê-las ecologicamente corretas:

• Compre bebidas orgânicas e utilize ingredientes locais para preparar os lanches e petiscos.

• Faça a decoração com materiais simples, de preferência reciclados, em vez de gastar uma fortuna em artigos decorativos de plástico e papel-alumínio, que serão simplesmente descartados após a festa.

• Recicle tudo o que puder depois do evento, principalmente as garrafas.

• Não utilize pratos, talheres e copos descartáveis. Há lojas especializadas em alugar material para festas, como taças. Sirva apenas petiscos, para evitar o uso de pratos.

36 PARABÉNS ECOLÓGICOS

Aniversários só acontecem uma vez ao ano e é muito importante fazer deles uma ocasião especial, principalmente se a festa for para seu filho. Seja organizando um passeio com ele e seus amigos ou uma festa em casa, é fácil fazer esse dia ficar mais ecológico e divertido para todos. Essa também é uma ótima oportunidade para apresentar a seu filho e aos amigos dele alternativas de lazer mais sustentáveis e próximas de casa.

Por que não um passeio especial em um parque, reserva natural ou fazenda de sua região (www.estacaonatureza.com.br) que permita visitas, sobre o qual as crianças falarão por muito tempo?

Em geral, combinar educação e diversão costuma ser um desafio, mas esse tipo de experiência lamacenta e suja ao ar livre cumpre muito bem a tarefa. Com a ajuda de outros pais, você também pode organizar sua própria atividade recreativa próxima à natureza (em uma praia, por exemplo).

Para uma festa em casa, as antigas brincadeiras clássicas, como a "dança da cadeira", são as melhores, e não demandam artigos caros nem eletricidade para proporcionar o máximo de diversão.

Ao selecionar o cardápio das festas infantis, fique longe de lanches com muito açúcar (pelo menos até o bolo, no fim da festa!) e evite alimentos com corantes e outros aditivos, já que deixam crianças sensíveis a eles muito agitadas – o que não é uma boa idéia, uma vez que elas já estarão agitadas com a festa.

Não se sinta obrigado a encher sacolinhas-surpresa de plástico com doces e brinquedos para as crianças levarem para casa. É fácil fazer sacolinhas recicladas e divertidas com fita adesiva e páginas de histórias em quadrinhos. Além de uma fatia de bolo, coloque brinquedos atóxicos de madeira ou presentes criativos, como lápis de cor, e alguns petiscos de frutas em vez de doces.

Para a decoração, acho difícil não usar bexigas (mesmo o Partido Verde se serve delas às vezes), mas se você quiser ser extremamente correto, troque-as por serpentinas ou bandeirolas.

CASAMENTO SEM DESPERDÍCIO

Os casamentos são ocasiões muito especiais e certamente nos esforçamos imensamente para planejar esse dia.

Assim como o Natal, os casamentos costumavam ser eventos mais simples. Lembro a cena do casamento do livro *Orgulho e Preconceito*, de Jane Austen. Mesmo que a extravagante senhora Bennet fosse a responsável, quase não há preocupações nem um longo processo de planejamento, e os dois casais de pombinhos simplesmente partem em suas carruagens após a cerimônia.

Ao longo dos anos, acrescentamos diversos detalhes ao casamento tradicional, mas quase nenhum deles é de relevância para o ponto principal: a celebração do amor e do compromisso entre duas pessoas.

Organizar um casamento moderno, com despedidas de solteiro(a), jantares de ensaio, cafés-da-manhã anteriores à festa e festas após a cerimônia, pode causar muito estresse e despesas, além de aumentar o impacto dessa celebração no planeta. Felizmente, muitas pessoas conscientes que se casaram encontraram alternativas criativas e sustentáveis e ajudaram a tornar conhecido um número crescente de fornecedores de artigos para casamentos ecologicamente corretos.

Veja as dicas a seguir para um casamento que não sobrecarregue o medidor de carbono.

37 O BOM E VELHO OURO

Todo casamento precisa no mínimo de alianças de ouro para simbolizar o compromisso entre os noivos. Porém, devido à escassez de ouro mesmo em minas de alta qualidade, a extração desse metal precioso causa um grande impacto no meio ambiente.

A quantidade de ouro usada para uma aliança pode deixar até 20 toneladas de minerais não utilizados como resíduo. As companhias mineradoras irresponsáveis que operam em áreas onde há muita ocorrência de ouro podem causar poluição excessiva do solo e da água, se deixarem que os produtos químicos utilizados para extrair e purificar o metal (como o cianeto e o mercúrio) entrem em contato com o meio ambiente.

A alternativa mais simples é usar alianças antigas ou de segunda mão. Normalmente elas são exclusivas e vêm com uma história, o que aumenta o romantismo.

É possível também comprar alianças novas de um joalheiro que utilize somente ouro reciclado, em vez do metal recentemente explorado. Afinal, ouro não costuma ser jogado fora, devido ao seu preço. Além disso, cerca de 20% do ouro no mercado já vem de metais reaproveitados ou de ligas. No entanto, eles são geralmente misturados com ouro recém-extraído, e não há como saber de onde veio ou como foi garimpado.

Hoje é cada vez mais comum encontrar joalheiros com consciência ecológica, que estão descobrindo novas maneiras de garantir que o ouro que utilizam é ético. Buscar materiais em peças antigas de computadores e transformar alguma jóia antiga que você possua em uma aliança sob medida são algumas das novas práticas.

Também é importante certificar-se de que os diamantes escolhidos para seu anel de noivado não foram extraídos para apoiar conflitos pelo mundo. Procure pedras certificadas pelo Kimberley Process Certification Scheme (KPCS, uma aliança de 48 países da qual o Brasil participa).

38 VESTIDO SUSTENTÁVEL

Os vestidos de noiva geralmente são feitos com um alto padrão e belos materiais, mas são usados somente uma vez. Isso faz dos vestidos de segunda mão uma ótima maneira de consumir menos recursos, sem comprometer a qualidade da aparência. Dessa maneira, é possível comprar vestidos de estilistas por uma fração do preço de um novo e reservar uma quantia para contratar uma costureira que faça ajustes e deixe-o perfeito para você.

Há locais onde se podem encontrar vestidos de noiva *vintage* ou de segunda mão. Você pode começar tentando brechós, mas a internet, com diversos sites especializados em pôr compradores e vendedores em contato, oferece as melhores chances.

Se não for possível encontrar um vestido usado que lhe caia bem, há maneiras sustentáveis de comprar um vestido novo. Alguns estilistas são especializados em materiais ecologicamente corretos, e a maioria das costureiras irá apoiá-la se você desejar utilizá-los também.

No caso das damas de honra, certifique-se de que elas possam usar outras vezes a roupa que você fornecer. Elas ficarão gratas, e o planeta também.

E, para depois do casamento ou para o traje noturno, por que não tentar um terno *vintage* ou um *cocktail dress*? Há desculpa melhor para vestir-se como Audrey Hepburn por um dia?

LOCAL DO CASAMENTO 39

Hoje você não precisa se ater simplesmente a uma igreja ou a um cartório. Centenas de locais, de fazendas a palacetes, podem celebrar casamentos em suas instalações.

Fazer a cerimônia e a recepção do casamento no mesmo local evita que seus convidados se desloquem pela cidade. E, se o local também oferecer acomodações para pernoite, fica ainda mais fácil, pois você terá menos trabalho com a organização e fará com que o dia seja menos estressante para todos.

Pergunte se o bufê utiliza alimentos de fontes locais (se o local for uma fazenda, você pode diminuir ainda mais a distância percorrida pelos alimentos) e compre champanhe, vinho e outras bebidas orgânicas. Algumas pessoas dizem que o vinho orgânico causa menos ressaca, mas ainda estou para comprovar essa teoria!

40 CONVITE VIRTUAL

É difícil deixar fora de seus planos um belo convite para o casamento, mas se a maioria de seus convidados for jovem, fazer um convite virtual pode ser uma opção criativa.

Para um convite mais tradicional, há muitas opções ecologicamente corretas. Existem diversos artistas e designers que fazem convites à mão com todo o tipo de material, como cânhamo. Se você não desejar experimentar esses materiais sustentáveis exóticos, as gráficas e papelarias especializadas em artigos de casamento agora oferecem opções de convites, cartões e menus em papel 100% reciclado.

Em vez de mandar um envelope cheio de mapas, listas de presentes e outras informações, por que não montar um site para informar tudo isso? Não é preciso muita técnica para fazê-lo. Pode-se configurar um simples blog com cores relacionadas ao casamento. Essa também é uma maneira eficaz de manter as pessoas atualizadas sobre os preparativos.

Após o casamento, você pode postar agradecimentos e fotos no site.

PRESENTES SUSTENTÁVEIS 41

Fazer a lista de presentes é uma ótima oportunidade de apresentar seus amigos e familiares às compras conscientes.

A maioria das pessoas que se casa não precisa mais mobiliar a casa ao mesmo tempo. Se você já estiver bem provido de artigos domésticos, talvez possa pedir que as pessoas contribuam com alguma instituição de caridade em vez de comprar presentes.

Muitas pessoas escolhem uma lista híbrida, com instituições de caridade de um lado e presentes de outro. Dessa forma, seus convidados terão a chance de escolher. Você ganha algumas coisas de que realmente precisa, e o planeta e as pessoas necessitadas também recebem um incentivo.

PRESENTES MAIS ECOLÓGICOS

A maioria de meus dilemas de compras acontece perto de aniversários e do Natal. Minha família tende a ser do time do "não precisava!", já possuindo coisas demais em suas casas. Tudo isso faz com que comprar algo ao mesmo tempo útil e sustentável seja um verdadeiro desafio.

Até mesmo a pessoa mais ecologicamente correta e não-consumista enfrentará o mesmo problema. Dar presentes em ocasiões especiais é um costume que não devemos perder, mas com lembranças mais sustentáveis podemos ajudar na diminuição do consumismo e fazer uma grande diferença.

Há muitas alternativas que causam pouquíssima emissão de carbono, de doações a "experiências" não-materiais. E os presentes são ótimas maneiras de apresentar a seus amigos e familiares produtos sustentáveis que de outra maneira eles nunca experimentariam. Nunca se sabe: pode ser que você os converta para sempre.

42 PRESENTE-DOAÇÃO

Uma das melhores idéias com a qual me deparei recentemente é fazer uma doação como presente. Com isso, não quero dizer adquirir produtos com o selo Fair Trade (apesar de essa também ser uma boa opção), mas sim presentear alguém doando uma quantia para que um programa de caridade consiga realizar algo tangível na área em que atua.

Internacionalmente, a Oxfam (www.oxfam.org), ONG que luta contra a pobreza no mundo, foi pioneira nesta iniciativa ao criar o programa de presentes "Unwrapped" ("desembrulhado"), e ainda possui uma das melhores seleções. Você escolhe o presente e eles mandam um cartão para o presenteado dizendo o que a sua doação ajudará a conseguir. Enviam ainda uma bela foto de uma cabra, fazenda, refeitórios de escolas e assim por diante, de acordo com a doação realizada. Há um número enorme de coisas diferentes para se escolher entre vários programas de caridade. A seguir, alguns exemplos:

- Livros para um aluno
- Uma vaca ou uma cabra para um fazendeiro pobre
- A plantação de uma nova cerca viva
- Aulas de música para crianças carentes da região
- Treinamento de direito dos trabalhadores para mulheres em fábricas
- Uma colméia
- Um abrigo para ser usado em grandes emergências

No Brasil, podem-se procurar os sites de instituições como o Lar Escola São Francisco ou as Casas André Luiz (ver p. 123).

PRESENTES NÃO-MATERIAIS 43

Para aqueles que já possuem coisas demais, por que não dar um presente não-material, que não causa uma grande emissão de carbono e não precisa de papel de presente?

Não se restrinja a lojas com serviços como vale-presentes. Organizar seu próprio esquema de "vale" personalizado, usando suas habilidades artísticas ou o computador, pode dar um toque pessoal e abrir muitas possibilidades.

Algumas idéias:

- Entradas para o teatro
- Uma viagem para assistir à banda ou a uma partida do time favorito da pessoa
- Um jantar
- Uma visita a uma galeria de arte ou museu
- Um vale para massagem ou aromaterapia
- Oferecer-se para cuidar do jardim ou passar as roupas da pessoa por uma semana

44 ELETRÔNICOS SUSTENTÁVEIS

Alguns eletrônicos são muito úteis ou educativos, e podem ajudar as pessoas a economizar energia ou despertar um interesse por questões ambientais que elas nunca imaginaram que teriam.

Para os aficionados por produtos eletrônicos, minha melhor dica é um monitor de relógio de luz com medidor portátil de energia (embora não seja encontrado em muitos países e dificilmente se ache no Brasil).

Com um desses aparelhos, economizar energia torna-se até divertido, já que você pode andar pela casa e verificar o impacto dos diversos equipamentos na leitura. É também um ótimo lembrete para desligar tudo no fim do dia. A novidade parece não ser passageira, pois ficou provado que as pessoas que possuem esses aparelhos economizam até 25% nas contas de luz.

Em sites de produtos ecológicos britânicos, pode-se ver algo mais pragmático: um conjunto de *eco balls* para a máquina de lavar. Como funcionam? Elas criam moléculas na água que ajudam a remover a sujeira sem a necessidade dos produtos químicos normalmente utilizados no sabão em pó. Não me peça uma explicação científica completa (elas precisam de refil após muitas lavagens, por isso deve haver algo agindo ali dentro), mas realmente funcionam e economizam uma fortuna em contas com produtos de lavar roupa.

Presentes assim são ótimos, pois se trata de coisas que as pessoas nunca experimentariam sozinhas, mas que, depois de testadas, são rapidamente assimiladas.

OBJETOS ECOLÓGICOS 45

Há alguns itens de que todos precisamos. Dá-los como presente, portanto, raramente será considerado sinônimo de consumismo desenfreado ou de coisa supérflua pelas pessoas de quem você gosta.

Apesar de não serem tão empolgantes quanto produtos eletrônicos sustentáveis, quase todos que conheço gostariam de ganhar estes itens essenciais como presente:

- Toalhas feitas de tecidos sustentáveis, como cânhamo ou algodão orgânico
- Itens de papelaria reciclados, como lápis, canetas e cadernos
- Meias feitas de tecidos sustentáveis, que deixam a pele respirar
- Café e chá com o certificado Fair Trade (e chocolate, mesmo que esse não seja um item estritamente essencial!)
- Geléias e molhos orgânicos vendidos em lojas e mercados da sua região (eles geralmente vêm também em embalagens atrativas)

BEBÊS ECOLÓGICOS

Quando se espera um bebê, é preciso decidir uma série de coisas. Considerando que eles são tão pequenos e possuem necessidades tão simples, é impressionante o furor de consumo que às vezes toma conta dos pais. Isso acaba lhes custando uma fortuna e contribui para o estresse do recém-chegado.

Os bebês crescem com uma rapidez impressionante, por isso muitas dessas aquisições serão usadas poucas vezes, pois eles já estarão grandes demais para desfrutá-las.

É importante ficar atento às emissões de carbono do novo membro da família, mas outra grande preocupação para os pais concentra-se em manter os bebês longe de produtos químicos tóxicos e outros ingredientes presentes em alimentos, roupas e brinquedos.

Cuidar do bebê com mais responsabilidade ambiental não precisa ser complicado. A seguir, algumas dicas simples de como criar uma atmosfera atóxica e com baixa emissão de carbono para sua prole.

46 PAPINHA ORGÂNICA

Nos primeiros meses, você alimentará seu filho exclusivamente com leite materno (o que é melhor para o bebê, além de ser de graça) ou fórmula. Se utilizar fórmula, procure as orgânicas e evite marcas que são promovidas de forma agressiva em países em desenvolvimento, onde as fontes poluídas de água tornam a amamentação a opção mais segura.

Quando seu filho começar a se alimentar com outros alimentos, pode ser tentador confiar apenas nos potinhos de papinha. Há muitas marcas orgânicas no mercado (hoje, cerca de metade das vendas de papinhas corresponde a produtos orgânicos), mas elas são caras e criam como resíduo muitos recipientes para serem reciclados.

Ao preparar sua própria papinha a partir de uma seleção de ingredientes reais e frescos, você saberá exatamente o que seu bebê está comendo, além de economizar dinheiro e desperdiçar menos.

Faça um estoque bem suprido de papinhas em seu congelador. Bata diferentes tipos em porções e congele-as em fôrmas de gelo ou pequenos recipientes de plástico, nos quais elas também poderão ser servidas. Assim, no momento da refeição, bastará escolher a papinha desejada, descongelá-la e aquecê-la no microondas: isso tornará as coisas bem mais simples.

47 ROUPAS COM BAIXO CO_2

É tentador vestir seu bebezinho fofo na última moda, mas o crescimento acelerado dos bebês significa que eles não usarão nenhuma roupa mais do que algumas poucas vezes.

Se todos comprassem uma linha completa de roupas infantis e depois a jogassem fora, haveria um enorme desperdício de itens de qualidade. Mas, felizmente, muitas pessoas já estiveram nesta situação, por isso há vários lugares onde é possível encontrar belas roupas de bebê usadas.

Orgulho-me muito das "roupas usadas" com que apareço vestida nas fotos de quando era bebê: belos vestidos estampados e o meu favorito, um macacão boca-de-sino dos anos 1970 que eu só parei de usar quando ficou pequeno demais.

Você pode continuar a tradição de doar as roupinhas de bebê pouco usadas para instituições de caridade.

Para itens novos, o mais importante é comprar tecidos que não usem produtos químicos tóxicos. O algodão orgânico e o cânhamo causam pouco impacto no planeta e não irritam a pele sensível dos bebês. As roupas de bebês feitas com fibras de bambu são muito duráveis e cada vez mais populares.

BEBÊ LIMPO E ECOLÓGICO 48

A pele do bebê é delicada e suave, e pode ser muito sensível a produtos químicos agressivos presentes em sabonetes líquidos e em barra, cremes e outros produtos de higiene.

Substitua os sabonetes muito cheirosos e os xampus feitos com petroquímicos por versões biodegradáveis à base de ingredientes naturais. Estes produtos agridem menos a pele e são mais facilmente decompostos no meio ambiente, o que reduz a poluição.

Experimente usar azeite de oliva para hidratar a pele no lugar de loções hidratantes perfumadas e use fraldas descartáveis sem perfume ou propilenoglicol (ingrediente à base de petróleo usado em anticongelantes).

Ao lavar as roupas e fraldas de seu bebê, é ainda mais importante usar um sabão em pó suave e ecologicamente correto.

49 A QUESTÃO É MAIS EMBAIXO

As fraldas são uma questão de grande importância para os pais ecologicamente conscientes.

Do nascimento até que comece a usar o penico, um bebê usa mais de 5 mil fraldas. No Reino Unido, 9 milhões de fraldas descartáveis são jogadas em aterros todos os dias, enquanto nos Estados Unidos o número chega a 49 milhões. No Brasil, essa cifra deve ultrapassar 15 milhões. Cada fralda levará centenas de anos para se decompor completamente.

As fraldas de pano laváveis mudaram muito desde que eu era pequena e hoje estão voltando a ganhar popularidade em vários países.

Não é preciso ter medo das fraldas de pano. Com design moderno, faixas absorventes e calças impermeáveis, é mais difícil ocorrer vazamentos nelas do que nas descartáveis.

A economia ambiental se dá de dois jeitos:
baixo uso de recursos e economia de energia.

A maior delas é a redução do desperdício. Usar principalmente fraldas de pano acaba com quase todo o impacto das fraldas descartáveis nos aterros. Já a economia de energia não é tão drástica, uma vez que as fraldas de pano precisam ser lavadas constantemente. No entanto, um estudo que comparou fraldas de pano lavadas com água fervente e a energia utilizada para a produção de fraldas descartáveis usadas durante o primeiro ano de vida de um bebê mostrou uma ligeira economia de energia. No dia-a-dia, você pode melhorar esse dado ainda mais se não utilizar água fervente, que não é absolutamente necessária – 60°C é o suficiente.

Pode-se economizar ainda mais energia ao utilizar um dos serviços de lavagem de fraldas. Isso pode ser de grande valor, pois também diminui seu esforço.

Peça conselhos sobre fraldas de pano com mães e pais que tiveram sucesso utilizando-as em seus bebês e faça um teste antes de adquirir um kit completo. Fique atento também aos programas de incentivo em sua região, que podem oferecer auxílio financeiro e ajudá-lo com as despesas iniciais com fraldas.

No geral, as fraldas de pano são mais sustentáveis e muito mais baratas do que as descartáveis. Saem no mínimo pela metade do preço destas últimas, considerando o período do nascimento até a época em que a criança começa a usar o penico.

Fraldas descartáveis ecologicamente corretas

Combinar o uso de fraldas de pano e descartáveis funciona para muitos pais com consciência ecológica.

Em uma viagem mais longa, na qual o bebê precisará ser trocado diversas vezes, ter um estoque de fraldas descartáveis ecologicamente corretas pode ser bastante útil. Assim, você não precisará carregar fraldas sujas consigo até ir para casa.

As fraldas descartáveis ecologicamente corretas, além de mais biodegradáveis, são feitas com materiais naturais e não usam substâncias químicas como desodorantes e alvejantes. Sua absorção é maior, graças ao uso de materiais naturais, como amido de milho, em vez de géis sintéticos.

É possível conseguir mais informações sobre fraldas de pano e descartáveis ecologicamente corretas entrando em contato com as organizações listadas no fim deste livro.

50 COISINHAS DE BEBÊ

Mesmo que se tente adquirir o mínimo possível de coisas para o bebê, você ainda terá de comprar diversos aparelhos eletrônicos, móveis e outros itens para o bem-estar do pequeno.

Vários deles são feitos para durar, mas só serão usados por poucos meses. Adquirir itens de segunda mão ou fazer trocas com amigos são maneiras excelentes de economizar dinheiro e recursos. E não se esqueça: quando o bebê estiver muito grande para usá-los, passe-os para os próximos pais consumidores. Os únicos itens que não se devem comprar de segunda mão são cadeirinhas de bebê para automóveis e acolchoados. Tudo o mais pode ser reaproveitado.

Os designers vêm atendendo à demanda de acessórios infantis ecologicamente corretos. Já é possível encontrar móveis multiuso para bebês – berços que viram camas infantis ou trocadores que viram escrivaninhas.

Os brinquedos para bebês muito pequenos devem ser novos e atóxicos. Hoje, há uma diversidade imensa de brinquedos naturais de madeira e ursos de pelúcia orgânicos.

Quando os bebês estão maiores e na fase de quebrar tudo, os brinquedos usados podem ser uma boa opção. É possível

adquirir uma enorme quantidade de peças de montar de plástico por uma ninharia em bazares de caridade ou pela internet – basta lavá-los bem que estarão novos em folha. Meu sobrinho possui uma pista gigantesca de corrida de carrinhos, graças à combinação de partes novas e de uma enorme coleção antiga de peças de pistas que estavam encaixotadas (a maioria também era de segunda mão quando as compramos).

Os itens de plástico normalmente são feitos de petróleo ou de outros produtos químicos. Quando novos, exalarão alguns desses produtos químicos durante vários meses. Por isso, os brinquedos de segunda mão também podem apresentar menos riscos à saúde.

MAIS INFORMAÇÕES

CERTIFICAÇÃO

Selos do Conpet e do Procel
www.conpet.gov.br
www.eletrobras.com

Conselho Brasileiro de Manejo Florestal
www.fsc.org.br

Açúcar orgânico
www.nativealimentos.com.br

Animal
www.animal.org.pt

Fair Trade
www.fairtradebrasil.net

Saúde e beleza
www.aao.org.br
www.ibd.com.br
www.planetaorganico.com.br/qcertif.htm

SAÚDE E BELEZA SUSTENTÁVEIS

Encontre muitos produtos naturais no mercadinho de seu bairro. Outras opções:

Chamma da Amazônia
www.chammadaamazonia.com.br

Ducha
www.duchacosmeticos.com.br

Natura
www.natura.com.br

Para cosméticos que não são testados em animais (e em sua maioria sustentáveis), verifique a lista das empresas aprovadas pelo Humane Cosmetic Standard no site da European Coalition to End Animal Experiments.
www.eceae.org (em inglês, espanhol, francês e alemão)

COMÉRCIO JUSTO

Veja Fair Trade

COMPRAS, LEILÕES E TROCAS ONLINE

Mercado Livre – leilões online para comprar e vender produtos usados.
www.mercadolivre.com.br

Craigslist – os melhores e mais originais classificados online.
Este endereço o redirecionará para as listas de regiões:
www.saopaulo.pt.craigslist.org

www.akatu.net
www.vidaintegral.com.br
www.idec.org.br/especial_meio_ambiente.asp

Em inglês
Freecycle – cadastre-se para procurar produtos de graça ou um novo lar para os itens que você não usa mais.
www.freecycle.org/group

COSMÉTICOS

www.chammadaamazonia.com.br
www.forcadaterra.com.br
www.weleda.com.br
www.bazarnatural.com.br
www.0800natural.com.br

DOAÇÕES DE MÓVEIS E OUTROS OBJETOS

Lar Escola São Francisco
www.lesf.org.br

Exército da Salvação
www.exercitodoacoes.com.br

Casas André Luiz
www.andreluiz.org.br

FAIR TRADE

www.fairtradebrasil.net

Em inglês

A Ethical Trading Initiative reúne sindicatos, empresas e organizações de caridade que trabalham juntos para desenvolver condições de trabalho melhores para trabalhadores no mundo inteiro.
www.ethicaltrade.org

A revista *Ethical Consumer*, do Reino Unido, possui um website, o ethiscore, onde se podem procurar cotações de sustentabilidade e ética para uma gama diversa de produtos. O site disponibiliza várias matérias gratuitamente em inglês, mas, se você quiser uma cobertura mais ampla, basta assinar a revista.
www. ethiscore.org

MODA CONSCIENTE

A maioria dos brechós é pequena e vende roupas também pela internet. Experimente colocar moda *vintage* ou brechós e o nome de sua cidade em um programa de busca: podem aparecer muitos estabelecimentos.

PRODUTOS ORGÂNICOS

Encontre uma feira de produtos orgânicos em sua cidade no site www.planetaorganico.com.br

Veja também
www.essenciais.com.br
www.korin.com.br
www.mundoverde.com.br
www.nativealimentos.com.br
www.portalorganico.com.br

PROGRAMAS ECOLOGICAMENTE CORRETOS

A publicação *Vida Integral* oferece dicas de estabelecimentos de culinária vegetariana e orgânica em São Paulo, além de matérias sobre bem-estar e vida natural.
www.vidaintegral.com.br

Instituto Akatu
www.akatu.org.br

Planeta sustentável
planetasustentavel.abril.com.br

Manual de etiqueta sustentável
planetasustentavel.abril.com.br/cartilha
Glossário
planetasustentavel.abril.com.br/glossario/a.shtml

Cidadania e consumo sustentável
Profª Drª Fátima Portilho – Universidade Federal Fluminense
www.hortaviva.com.br/midiateca/bg_polenizando/msg_ler.asp?ID_MSG=123

Ecocasa
www.ecocasa.org
Glossário
www.ecocasa.org/glossario.php

WWF (pecuária orgânica)
www.wwf.org.br

SITES E ARTIGOS EM MÍDIA ELETRÔNICA

Folha de S.Paulo

Consumo consciente engatinha no país – www.folha.com.br/fsp/cotidian/ff2305200407.htm

Crescimento do mercado pára em resistência cultural (ecobags)–www.folha.com.br/fsp/negocios/cn2704200808.htm

Como age o consumidor consciente – www.folha.com.br/fsp/equilibrio/eq0910200309.htm

E a dica final, mas nem por isso menos importante:

PENSE LOCALMENTE

Você descobrirá as melhores lojas da sua região saindo da frente do computador e explorando seu bairro atrás de preciosidades escondidas.

(Todos os sites foram consultados em outubro de 2008.)